Feuerwehr

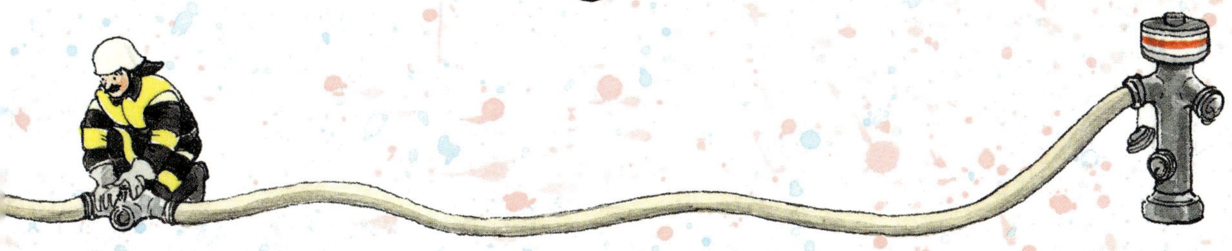

Die Deutsche Bibliothek - CIP-Einheitsaufnahme

Weinhold, Angela:
Leo und Lisa bei der Feuerwehr / Angela Weinhold. -
München : Ars-Ed., 1999
ISBN 3-7607-4668-3

*Der Verlag dankt der Branddirektion München
für die freundliche Beratung.
Der besondere Dank der Autorin gilt
Oberbrandmeister a. D. Martin Rausch.*

Nach den Regeln der neuen Rechtschreibung

Gedruckt auf umweltfreundlichem Papier ohne Chlorbleiche

Ausstattung und Herstellung: arsEdition, München
Lektorat: Magda-Lia Bloos, Ute Löwenberg
Umschlaggestaltung: Angela Weinhold
Printed in Belgium
ISBN 3-7607-4668-3

Angela Weinhold

LEO UND LISA

bei der Feuerwehr

arsEdition

Drehleiter
Megafon
Einreiß-
haken
Polizeiwagen

Alte Scheune brennt ab

Schönstadt. Gestern Nachmittag brannte die leer stehende Scheune von Bauer Veigl an der Isinger Landstraße vollkommen ab. Die Brandursache war vermutlich ein Blitzeinschlag. Der Brand wurde kurz nach 14 Uhr entdeckt. Beim Eintreffen der Feuerwehr stand bereits das ganze Gebäude in Flammen. Unter dem Strahl zahlreicher Löschrohre war das Feuer schnell unter Kontrolle, sodass keine Gefahr für angrenzende Gebäude bestand. Personen kamen nicht zu Schaden.

Papa liest die Zeitung.
Lisa sieht ihm über die Schulter.
»Was steht da?«, fragt sie.
Papa liest den Zeitungsartikel vor.
»Schade«, seufzt Leo, »dass es bei uns nie brennt ...«
»Wieso denn das?«, fragt Mama entsetzt.
»Na, dann könnten wir uns die Feuerwehr mal richtig ansehen!«, erklärt Leo.
»Ich habe einen viel besseren Vorschlag«, meint Papa.
»Hier stehts: Die Feuerwehr in Schönstadt veranstaltet einen Tag der offenen Tür. Da gehen wir hin und schauen uns alles genau an!«

Als Papa mit den Zwillingen zur Hauptfeuerwache kommt, warten im Hof schon viele Kinder mit ihren Eltern. »Hmm«, sagt Papa, »es gibt sogar gegrillte Würstchen!« Ein Feuerwehrmann begrüßt die Wartenden. »Herzlich willkommen bei der Feuerwehr! Ich bin Brandmeister Funke«, stellt er sich vor. »Möchtet ihr gern unsere Autos kennen lernen?«, wendet er sich an die Kinder. »Dann kommt mal mit in die Fahrzeughalle.«

»Wenn es brennt«, erklärt Herr Funke, »schickt die Feuerwehr einen ganzen Löschzug. Dazu gehören mehrere Fahrzeuge. Voran fährt unser Einsatzleiter. Ein Rettungswagen ist natürlich auch dabei, damit wir Verletzte schnell ins Krankenhaus bringen können. Und dies ist ein Tanklöschfahrzeug. In den Wassertank passt so viel Wasser wie in dreißig Badewannen!

Die Drehleiter hat eine dreißig Meter lange Leiter. Brennt es in Hochhäusern, reichen wir damit bis zum achten Stockwerk hinauf.«
»Dürfen wir auf die Leiter?«, fragt Leo.
»Später«, sagt Herr Funke, »wenn wir wieder im Hof sind. Dieses Auto heißt Rüstwagen, weil wir darin unsere Ausrüstung für technische Hilfe transportieren. Wir müssen auf jeden Notfall vorbereitet sein.«

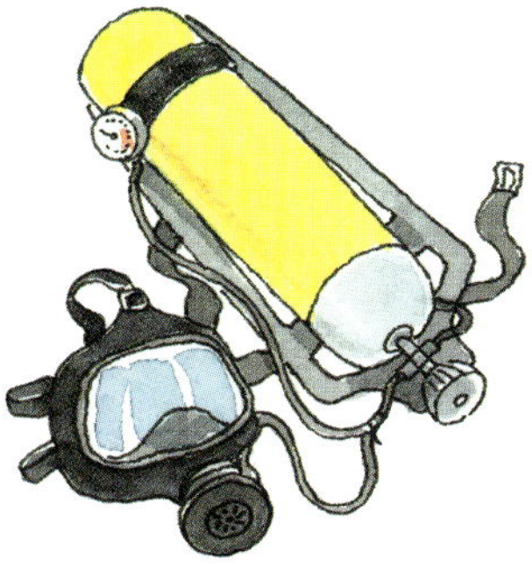

Atemschutzmaske und
Pressluftflasche

tragbare Schlauchhaspel
zum raschen Anschließen von
Schläuchen an Hydranten

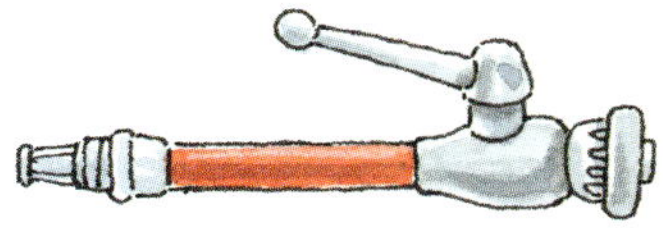

Strahlrohr

Verteilerstücke zur
Anschließen mehrer
Schläuche

Schlauchbrücke (darüber
fahren die Autos, damit nicht über
die Schläuche gefahren wird)

Schaummittel für Brände,
die nicht mit Wasser ge-
löscht werden (Öl, Benzin)

Verkehrsleitkegel

Warnflagge

Warndreieck

Lisa ist neugierig:
»Was ist denn hinter den Rollläden?«
»Schauen wir doch nach«, sagt Herr Funke.
Die Kinder staunen: so viele Einzelteile!
»Und so ordentlich ...«, meint Leo.

Rettungsschere zum
Zerschneiden von Autoblech

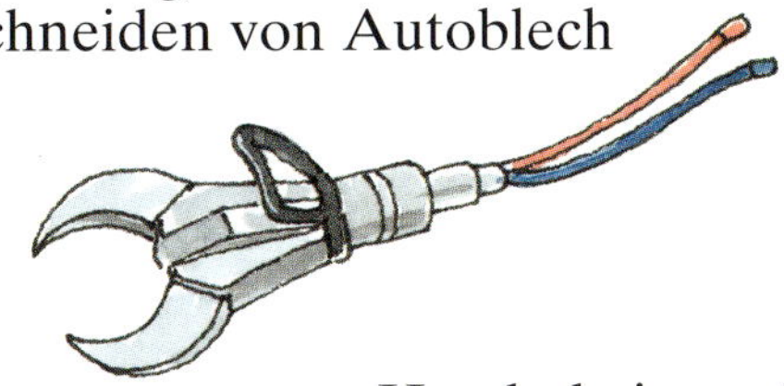

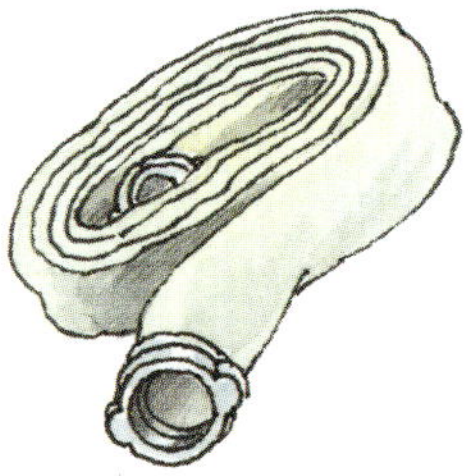

Feuerwehraxt

Handscheinwerfer

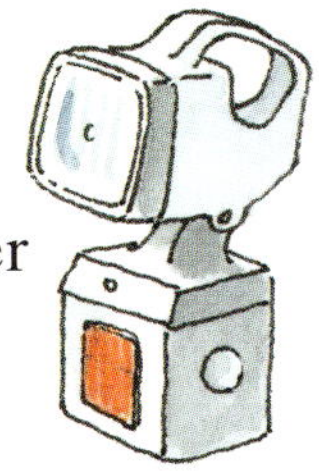

Druckschlauch

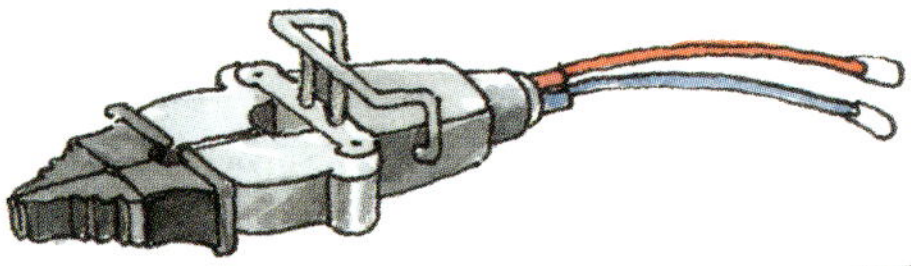

Rettungsspreizgerät zum
Aufstemmen von Türen

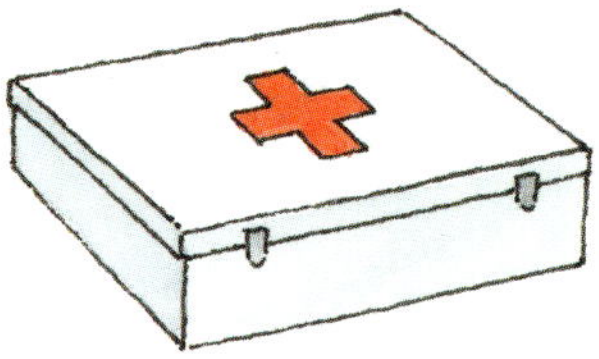

Sanitätskasten

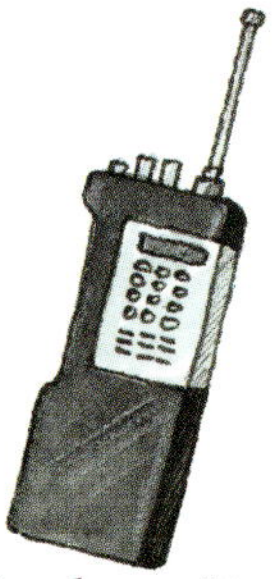

Handfunkgerät

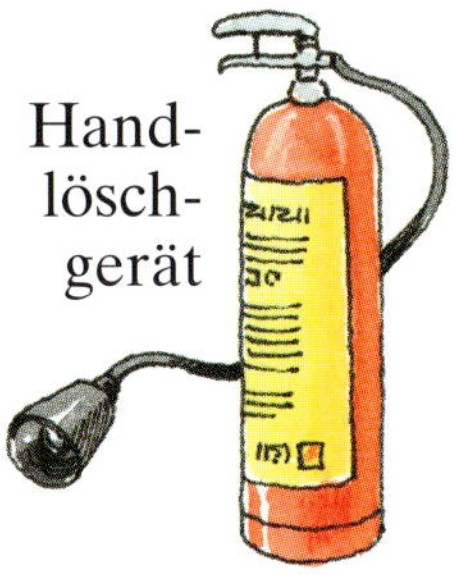

Hand-
lösch-
gerät

Motorsäge

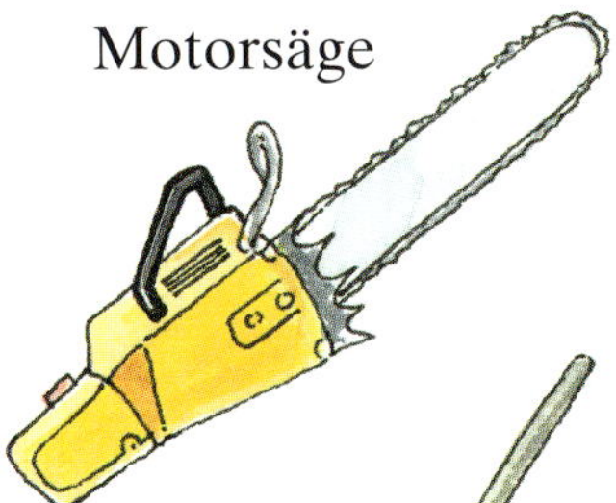

Stoßbesen

Da lacht Herr Funke. »Jeden Morgen werden die Autos und ihr Inhalt genau geprüft. Jedes Teil hat seinen festen Platz, damit wir im Ernstfall alles sofort finden.«
Dann erklärt er den Kindern die verschiedenen Einsatzgeräte.

»Einsteigen!«, ruft der Brandmeister
und schwingt sich auf den Fahrersitz des
Löschgruppenfahrzeugs.
»Wir drehen jetzt ein paar Runden!«
Schon fliegen die Türen der Fahrzeughalle auf und mit Blaulicht
und Martinshorn geht es hinaus auf den Hof.
Papa will nach der zweiten Runde aussteigen. »Ich hole mir lieber ein
gegrilltes Würstchen«, sagt er.

An der Drehleiter stehen die Kinder Schlange. Endlich sind Leo und Lisa dran.
»Du kommst aber mit!«, sagt Lisa zu Papa. Herr Funke hilft ihnen beim Einsteigen in den Rettungskorb.
Dann geht es immer höher hinauf.
»Guck mal, Papa, wie Spielzeugautos!«, ruft Leo begeistert.
Papa ist plötzlich ganz blass. »Mir ist das Würstchen wohl nicht bekommen ...«, meint er. Herr Funke lacht. »Hallo Charlie«, spricht er in sein Funkgerät, »hol uns bitte wieder runter.«

Herr Funke führt die Besucher auch zur Einsatzleitzentrale.
»Die ist rund um die Uhr besetzt«, sagt er.
»Geht ein Notruf ein, leuchtet hier ein rotes Licht auf und auf dem Stadtplan kann man sehen, wohin wir fahren müssen.«
»Wie meldet ihr denn einen Notfall?«, fragt der Mann in der Zentrale die Kinder.
»Ich wähle 112 und sage, es brennt«, antwortet ein Junge.

»Wir müssen aber genau wissen, was wo passiert ist und ob Menschen in Gefahr sind«, sagt Herr Funke. »Also merkt euch: **wer? wo? was?**
Wer ruft an? Nenne deinen Namen.
Wo ist es passiert? Nenne die Adresse.
Was ist passiert? Beschreibe die Lage.
Wenn ihr selbst ein Feuer entfacht habt, dürft ihr euch nicht aus Angst vor Strafe verstecken! Ihr könnt das Feuer nicht selbst löschen. Ruft deshalb gleich die Feuerwehr oder holt einen Erwachsenen.«

Die Feuerwehr führt für ihre Gäste sogar einen Probealarm durch. Plötzlich gehen alle Alarmglocken an. Alarmlichter blinken im ganzen Haus. Ein Gong ertönt. Aus Lautsprechern kommt die Durchsage: »Ein Löschzug zur Hauptfeuerwache!« »Jetzt schnell!«, sagt Herr Funke und läuft voraus in die Fahrzeughalle. Dort rutschen die ersten Männer die Stange herunter. Im Laufen ziehen sie Mantel, Helm und Gürtel an. Schon springen sie in die Fahrzeuge. Seit dem Alarm ist nur eine Minute vergangen.

Weil alle wissen, dass dies nur ein Probealarm ist, fahren sie natürlich nicht los. »Im Ernstfall«, erzählt Herr Funke, «gibt die Zentrale den Fahrzeugen durch, wie sie am schnellsten zur Unglücksstelle kommen. Die Feuerwehr darf mit Blaulicht und Martinshorn auch bei Rot über die Ampel fahren.
Am Einsatzort kümmern wir uns zuerst um gefährdete Menschen oder Tiere. Gleichzeitig werden die Schläuche ausgerollt und angeschlossen oder Geräte vorbereitet um möglichst schnell eingreifen zu können.«

»Ist der Brand gelöscht, kehren die Fahrzeuge
zur Wache zurück. Hier werden alle Fahrzeuge gereinigt
und die Geräte überprüft. Einige Männer bleiben an der
Brandstelle zurück um sicherzugehen, dass das Feuer nicht
wieder aufflammt. Das nennt man Brandwache.«

Herr Funke führt die Kinder zu den Spinden.
»Hier hängen unsere Uniformen«, sagt er.

Leo zeigt auf die gelben Streifen der Uniformjacken: »Die leuchten ja!«
»So sieht man uns auch im Dunkeln«, erklärt Herr Funke.
»Wozu braucht man Seil und Haken am Gürtel?«, will Lisa wissen.
»Das ist der Karabiner für die Rettungsleine«, sagt der Brandmeister.
»Damit wir aus verqualmten Räumen, in denen man nichts sehen kann, wieder hinausfinden. Manchmal ist unsere Arbeit sehr gefährlich und wir müssen uns mit Spezialuniformen schützen.«

Feuerwehrhelm

Mantel

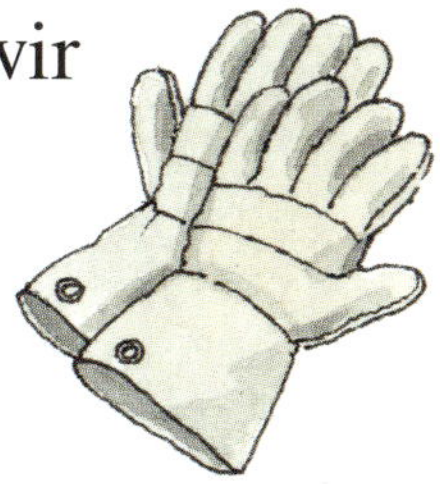

Handschuhe

Sicherheitsgurt mit Karabiner und Beil

Fangleine

Stiefel

Hitzeschutz-kleidung

Chemie-schutz-kleidung

Strahlenschutz-kleidung

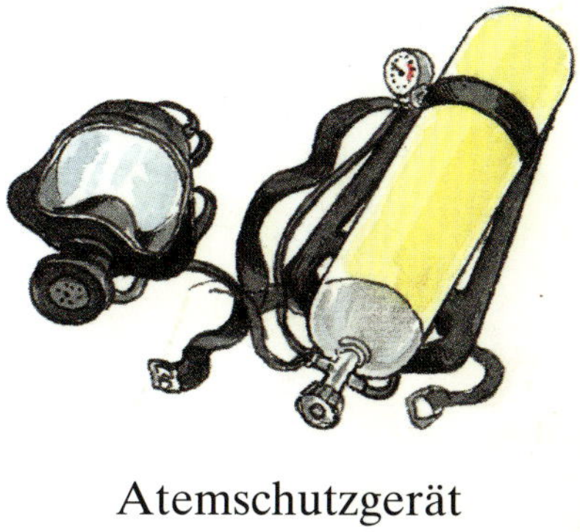

Atemschutzgerät

»Jetzt löschen wir mal unseren Durst«, schlägt Herr Funke vor. In der Kantine steht Apfelsaft bereit.
»Wie wird man eigentlich Feuerwehrmann?«, fragt ihn Papa.
»Ein Feuerwehrmann der Berufsfeuerwehr muss erst einen anderen Beruf gelernt haben«, erzählt der Brandmeister. »Ich war vorher Schlosser. In kleineren Städten gibt es nur eine freiwillige Feuerwehr. Ihre Männer üben einen anderen Beruf aus, sind aber ständig in Bereitschaft. Wenn ihr Funkempfänger piepst, müssen sie sofort zur Feuerwache kommen.

Bei der freiwilligen Feuerwehr gibt es übrigens auch eine Jugendfeuerwehr. Wenn ihr 12 Jahre alt seid, könnt ihr da mitmachen«, sagt er zu den Kindern.
»Gibt es auch Feuerwehrfrauen?«, fragt Lisa aufgeregt.
Herr Funke lächelt: »Klar, aber bei uns noch nicht. Vielleicht bekommen wir ja bald auch eine Kollegin!«

In den Gängen der Feuerwache hängen viele große Fotos und Plakate.
»Die Feuerwehr kommt nicht nur, wenn es brennt«, sagt Herr Funke und zeigt auf die Bilder.
»Die meisten unserer Einsätze sind technische Hilfeleistungen, z. B. bei Verkehrsunfällen oder Sturmschäden. Aber wir kommen auch, wenn ein Keller unter Wasser steht, ein Flugzeug abgestürzt oder Öl ausgeflossen ist und sich zu entzünden droht.«

Rettung von Personen bei Hochwasser

Bergung mit dem Kranwagen

Waldbrand

Flughafenfeuerwehr

»Und als Omas Katze nicht mehr vom Dach herunterkonnte«, erzählt Leo, »hat die Feuerwehr sie heruntergeholt.«
»Ja, Tieren helfen wir natürlich auch«, sagt Herr Funke.
»Unsere vier wichtigsten Aufgaben sind Retten – Bergen – Löschen – Schützen. Wir retten Menschen und Tiere, löschen Brände, bergen Eigentum, zum Beispiel Möbel bei Hochwasser oder verunglückte Fahrzeuge. Und wir helfen Brände vermeiden.«

Hafenfeuerwehr

Einfangen eines Bienenschwarms

Herr Funke zeigt den Besuchern das ganze Haus. Da gibt es Werkstätten zum Reparieren der Autos und Geräte, Ersatzteillager, einen Schlauchturm zum Trocknen der Schläuche, Büros, eine Küche, Aufenthalts- und Ruheräume.
»Unsere Feuerwehrmänner haben 24 Stunden Dienst und 48 Stunden frei«, sagt Herr Funke.
»Sie schlafen in Hemd und Unterwäsche. Bei Alarm springen Sie durch die Hose in die Stiefel!«

Ersatzteillager
Werkstätten
Büros
Aufenthaltsräume
Küche/Kantine
Einsatzleitzentrale

Zum Schluss findet ein Wettbewerb im Zielspritzen statt. Der Brandmeister drückt Lisa ein Strahlrohr in die Hand. »Schön festhalten«, sagt er, »und genau zielen!«
Papa darf die Pumpe bedienen. »Wasser marsch!«, ruft ihm Herr Funke zu.

Doch Lisa, die auf den Wasserdruck nicht vorbereitet ist, lässt erst mal das Strahlrohr fallen. Jetzt werden alle nass, sogar Herr Funke. Doch der lacht nur: »Meine Uniform ist wasserdicht! Komm, Mädchen, versuch es noch einmal.« Beim zweiten und dritten Mal geht es schon besser und Lisa trifft das Loch in der Spritzwand. Zur Belohnung gibt es eine Urkunde.

Mama öffnet die Tür.
»Wie seht ihr denn aus?«, staunt sie.
Leo und Lisa schwenken ihre Urkunden.
»Wir sind jetzt Löschmeister!«, sagt Lisa.
»Das war Klasse bei der Feuerwehr!«
»Wir sind mit der Drehleiter hochgefahren«,
berichtet Leo, »und ... «

»Was riecht hier so komisch?«, unterbricht Papa auf einmal.
»Hilfe, mein Gulasch!«, ruft Mama und stürzt in die Küche. Papa rennt hinterher.
Lisa schnappt sich das Telefon. »Sollen wir die 112 anrufen? Wer, wo, was ...«, ruft sie.
»Nicht nötig! Feuer unter Kontrolle!«, meldet Papa aus der Küche.
»Aber aus dem Essen wird heute nichts«, meint Mama.
»Macht nichts, Mama«, tröstet Leo sie, »wir hatten heute schon Würstchen!«

Das Feuerwehrspiel

Ein Würfelspiel für zwei bis vier Mitspieler

Du brauchst:

1 Schere
1 Würfel
1 Spielfigur pro Spieler

Schneide zuerst die beiden seitlichen Streifen vom Spielplan ab und schneide die Kärtchen auseinander.

Die Spielregeln:

Ziel des Spiels ist es seinen Feuerwehrmann am schnellsten mit Mantel, Helm, Gürtel und Handschuhen auszurüsten, um als Erster die Brandstelle zu erreichen und den Brand zu löschen.
Jeder Spieler erhält vier Kärtchen mit Helm, Jacke, Gürtel und Handschuhen in seiner Farbe. Der kleinste Spieler (in Zentimetern) beginnt zu würfeln. Gezogen wird nur im Uhrzeigersinn. Wer auf ein Feld mit einem Uniformstück kommt, legt das entsprechende Kärtchen in die Mitte (auf das Feld unter dem Feuerwehrmann der eigenen Farbe). Wenn ein Spieler auf ein von einem Mitspieler bereits besetztes Feld zieht, muss er ein beliebiges Kärtchen aus seinem Feld abgeben. Die Spieler gehen so lange im inneren Kreis herum, bis sie alle vier Kärtchen in ihrem Feld gesammelt haben.
Dann erst können sie in Richtung Ziel abzweigen. Sieger ist, wer als Erster mit der genau passenden Würfelzahl das Ziel erreicht und den Brand löscht.

 Du darfst noch einmal würfeln.

 Du musst einmal aussetzen.

 Glück gehabt: Du kannst ein beliebiges Kärtchen in dein Feld legen.